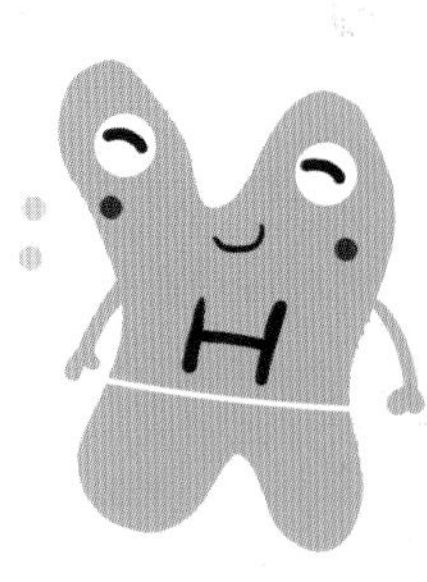

小神童·科普世界系列

揭秘原子和分子

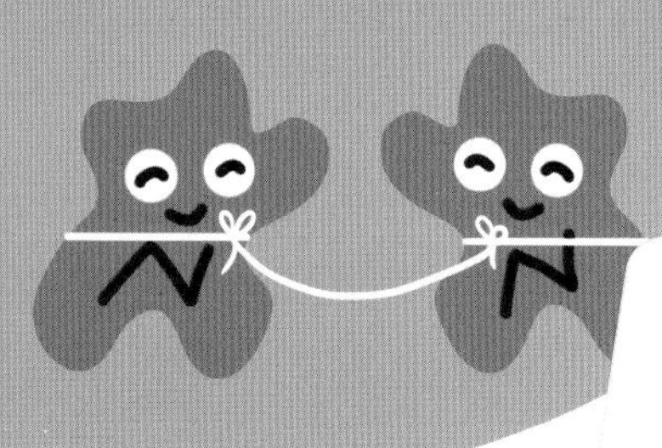

刘宝恒◎编著

浙江摄影出版社
全国百佳图书出版单位

神奇的原子

我们有一个特殊的朋友——原子。它的个子非常小，但却无时无刻不与我们相伴。

原子是一种体积非常小的微粒，是组成单质和化合物分子的基本单位，也是物质在化学变化中的最小微粒。原子的内部有什么呢？哦，有原子核和核外电子。

早在 2000 年前，伟大的古希腊哲学家德谟克里特就提出了原子的概念。德谟克里特认为，只要把一件物品不断地分割，最后一定能够得到一种不能再继续分割的物质，那就是原子。

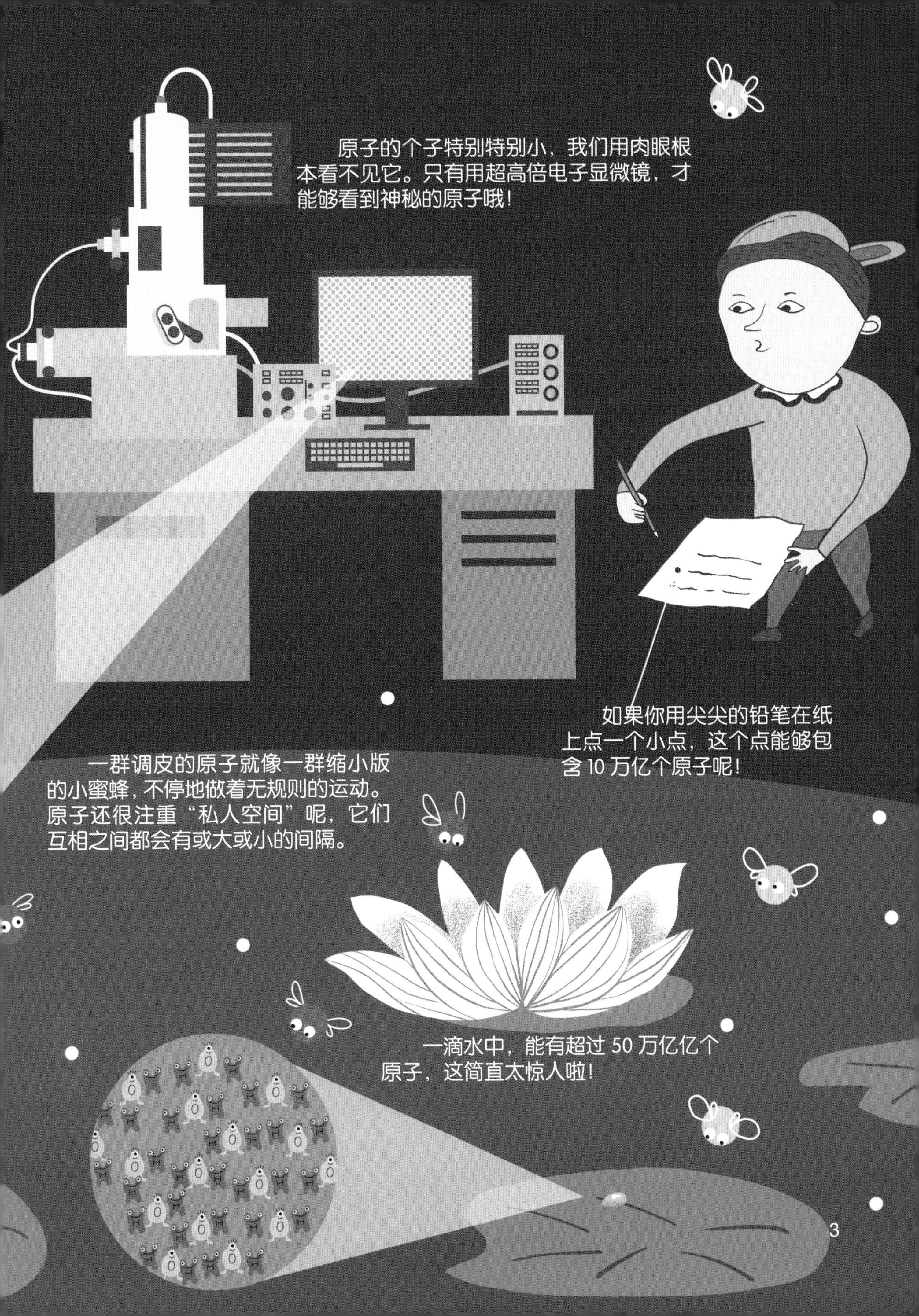
原子的个子特别特别小，我们用肉眼根本看不见它。只有用超高倍电子显微镜，才能够看到神秘的原子哦！
如果你用尖尖的铅笔在纸上点一个小点，这个点能够包含10万亿个原子呢！
一群调皮的原子就像一群缩小版的小蜜蜂，不停地做着无规则的运动。原子还很注重“私人空间”呢，它们互相之间都会有或大或小的间隔。
一滴水中，能有超过50万亿亿个原子，这简直太惊人啦！

原子在哪里?

小朋友，你知道神奇的原子藏在哪里吗? 其实，原子就在我们的身边。

空气中，弥漫着各种各样的原子。看，这是由氧原子组成的氧气的分子。

沙子的主要成分是二氧化硅。二氧化硅中含有硅原子和氧原子。

这块木头里，居住着哪些原子呢? 碳原子、氢原子、氧原子、氮原子等，构成了木材的各种成分。

许许多多的铜原子构成了铜，铜可以用来制作电线。
塑料做的容器，也离不开原子。塑料花盆的化学成分中含有碳原子、氢原子和氧原子。
在铁锅、铁勺、铁丝中，我们能找到铁原子。

什么是原子核?

原子虽然很微小，但它也有复杂的构造。猜一猜，原子的里面有什么呢？每一个原子，都由原子核和核外电子组成。

你发现了吗？原子的内部大部分是空的。

原子的中心是又小又硬的原子核。原子核虽然体积非常小，但它的质量约等于整个原子的质量。如果把原子核进行切割，我们会得到更小的粒子——质子和中子。

不同的原子核中，质子的数量一样吗？答案是不一样。

氢原子的原子核中，只有1个质子。

而在金原子核里面，我们能找到79 个质子。

什么是核外电子？

在原子核的外面，围绕着一群活跃的电子。

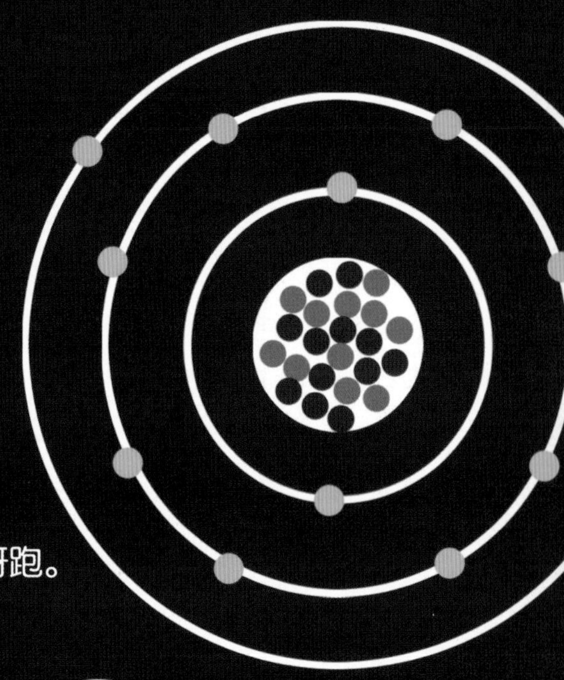

电子绕着原子核，飞快地跑呀跑。

电子的个子，比质子和中子还要小。电子的质量几乎可以忽略不计，因为它们实在是太小了！

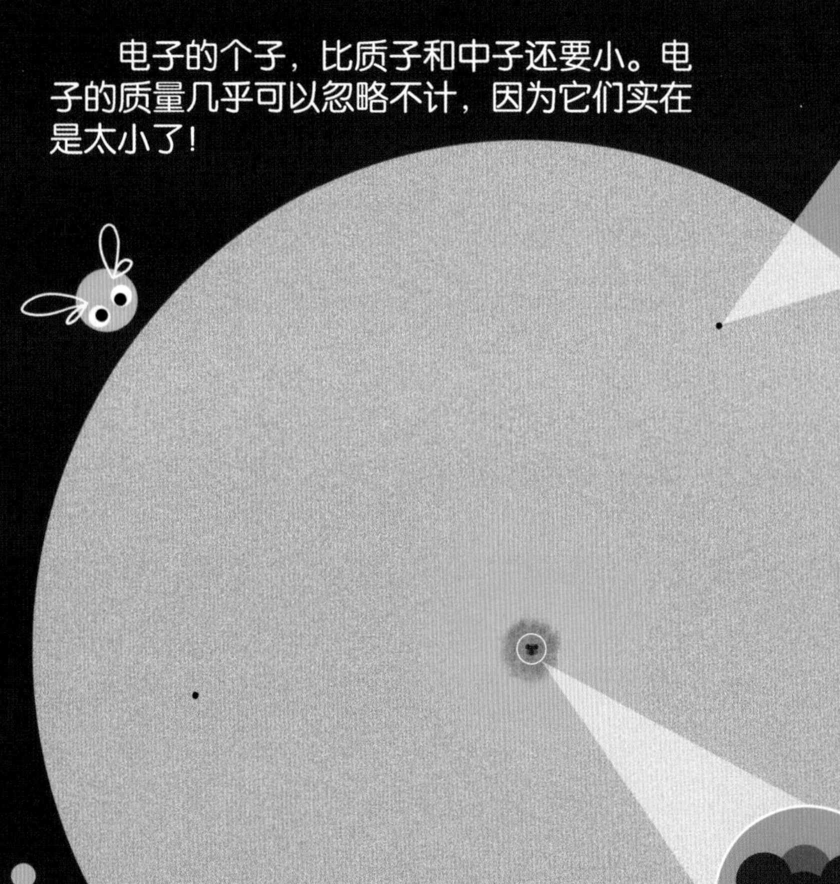

如果说原子核是太阳，那么电子就是绕着太阳运行的行星，但是个头要小得多。

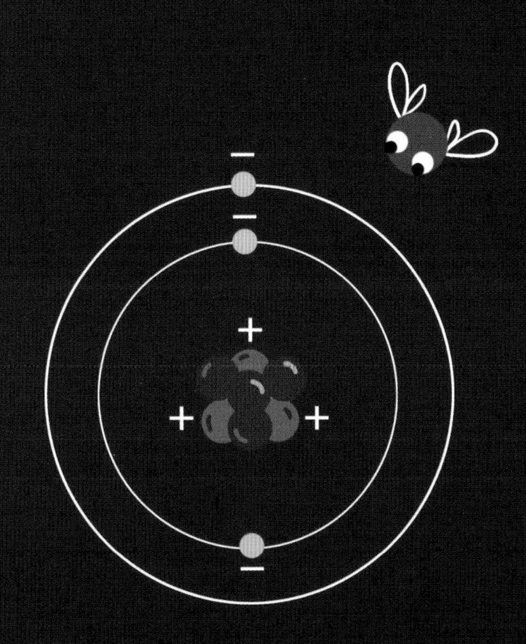

你知道吗？原子里面藏有电荷。质子带着正电荷，电子带着负电荷，但中子是中性的，不带有电荷。

如果说原子核是一朵花，那电子就是一群小蜜蜂，围着花朵转呀转！

带有同种电荷的电子之间，会相互排斥。

别碰我！

你也别碰我……

原子交朋友

原子能够以单个的游离状态，四处玩耍。它们也喜欢交朋友，和其他原子组成不同的物质。

3 个氧原子抱在一起，变成了无色却有刺激性气味的臭氧分子（O_3）。

O_3

原子交到朋友之后，会手拉手，变成单质分子或者化合物分子。

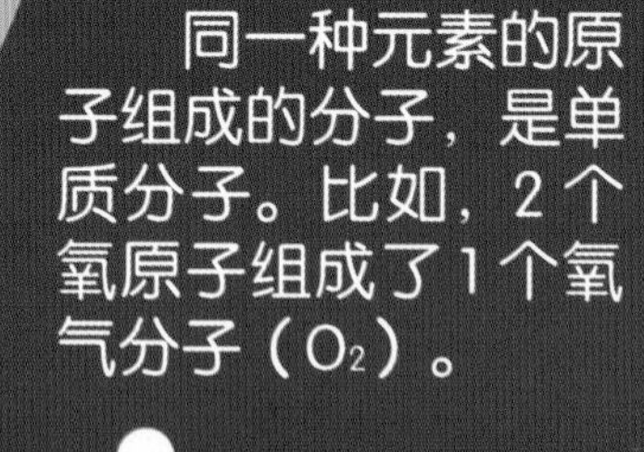

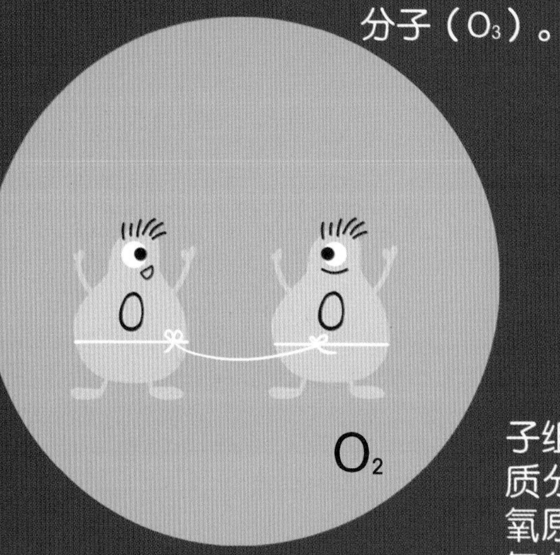

同一种元素的原子组成的分子，是单质分子。比如，2 个氧原子组成了 1 个氧气分子（O_2）。

原子为什么能相互结合呢？这可离不开电子的撮合。

有些原子，喜欢和其他原子共享电子。比如，氢原子和氧原子可以共享电子，变成水分子。

什么是化合物分子呢？不同元素的原子相结合，会变成化合物分子。

1个氮原子，加上3个氢原子，组成氨气分子（NH_3）。

NH_3

氮气分子（N_2）由2个氮原子构成，为无色无味的气体。

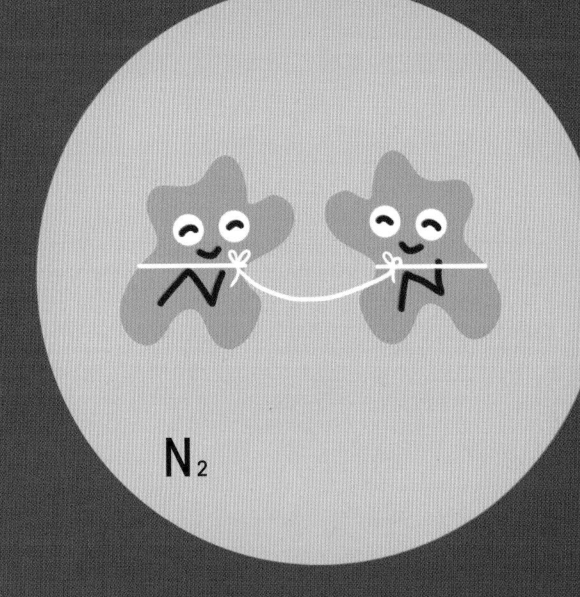

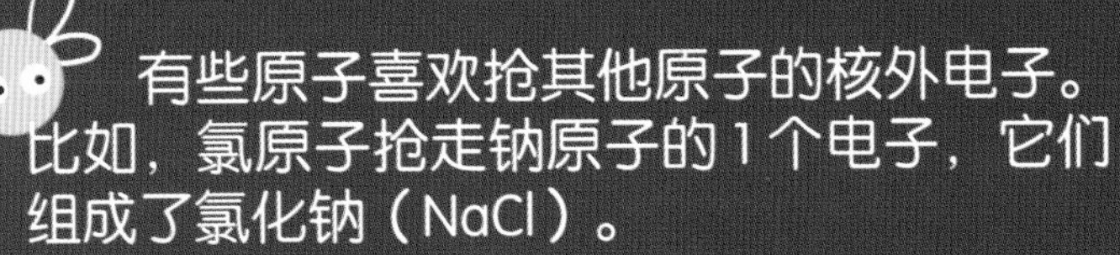

有些原子喜欢抢其他原子的核外电子。比如，氯原子抢走钠原子的1个电子，它们组成了氯化钠（NaCl）。

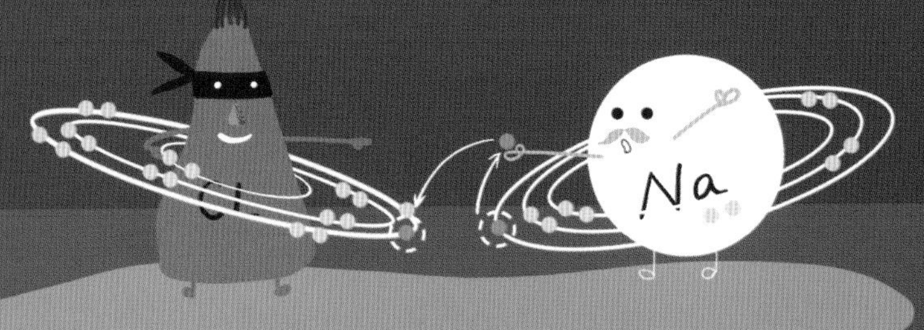

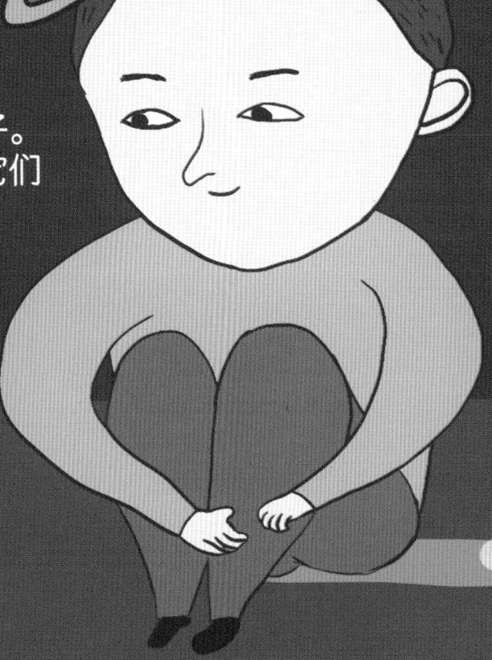

分子、原子的真相

分子和原子都是构成物质的一种粒子，质量和体积都非常小。让我们一起揭开它们神秘的面纱吧！

你知道吗？原子存在的时间非常长。它们的年纪比我们大得多，有些在宇宙诞生时就产生了！

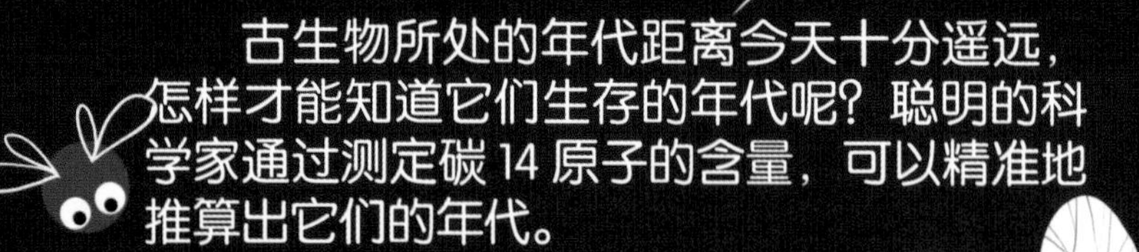

古生物所处的年代距离今天十分遥远，怎样才能知道它们生存的年代呢？聪明的科学家通过测定碳 14 原子的含量，可以精准地推算出它们的年代。

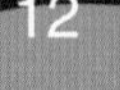

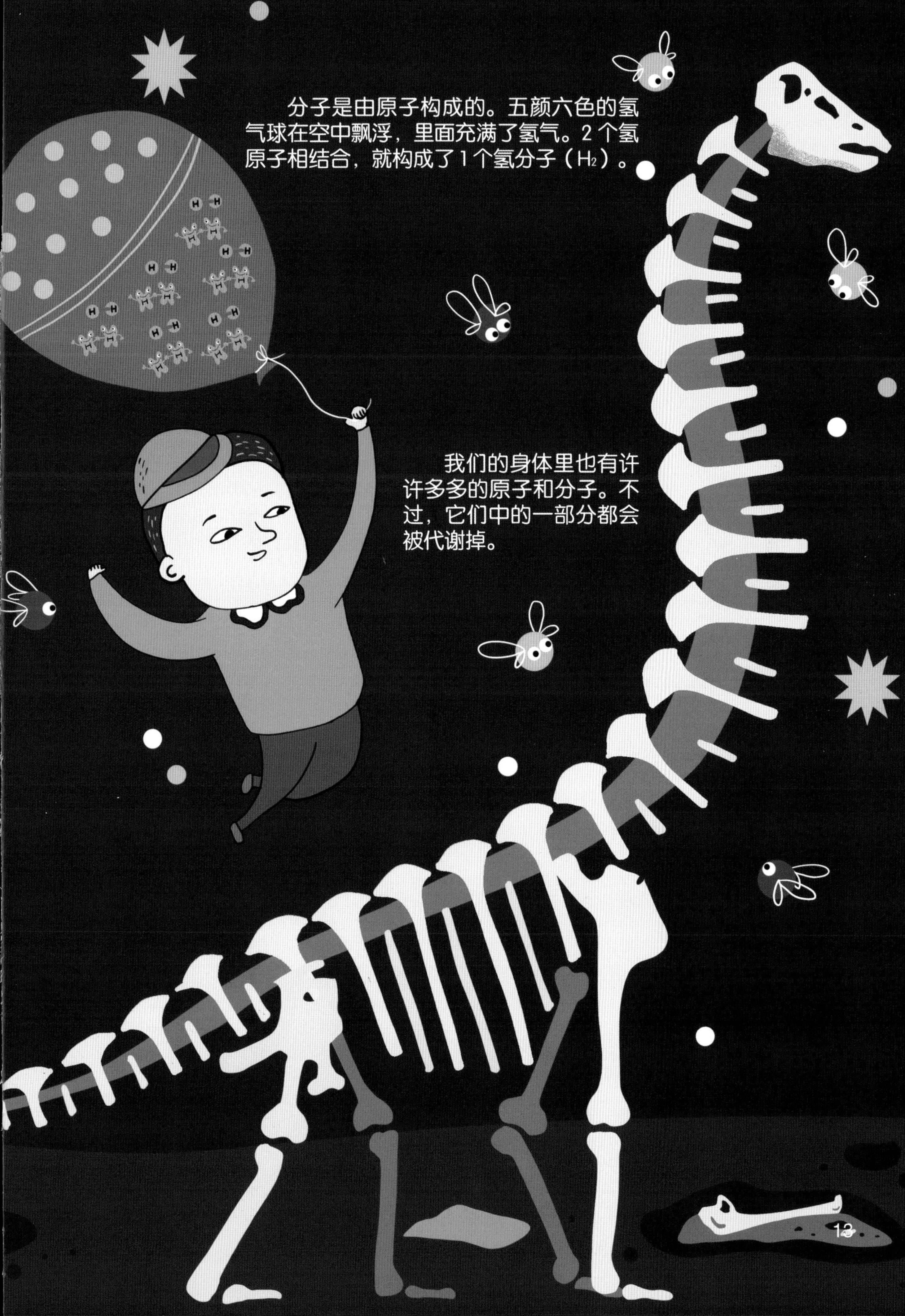

分子是由原子构成的。五颜六色的氢气球在空中飘浮，里面充满了氢气。2个氢原子相结合，就构成了1个氢分子（H_2）。

我们的身体里也有许许多多的原子和分子。不过，它们中的一部分都会被代谢掉。

固态的物质

固态、液态、气态，都是物质的形态。冰块、玻璃和铁皮都是固态的物质。

固体往往有着固定的形状，并且还很“固执”，不会轻易变形呢！如果你试着让一根筷子变形，要用力地掰它，它很可能会断开。

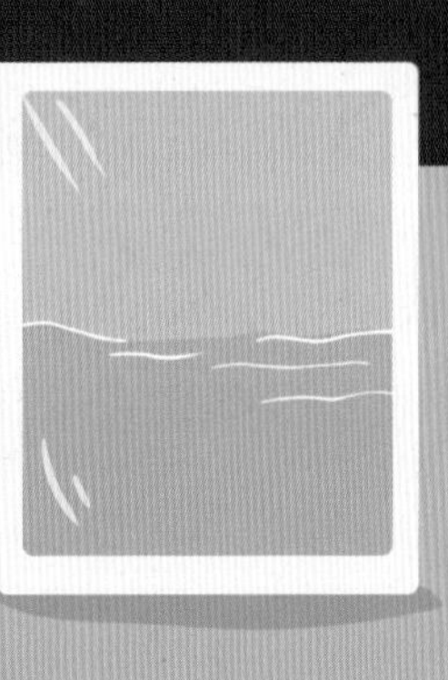

固体的流动性很差。许多圆形的小水珠能够填满整个杯子。可是，相同大小的圆形玻璃珠装进杯子中，却会留下好多空隙。

固体的原子，就和挤公交的人们一样，排列得很紧密。固体状态下的原子不能自由地运动，只能在原地震动。

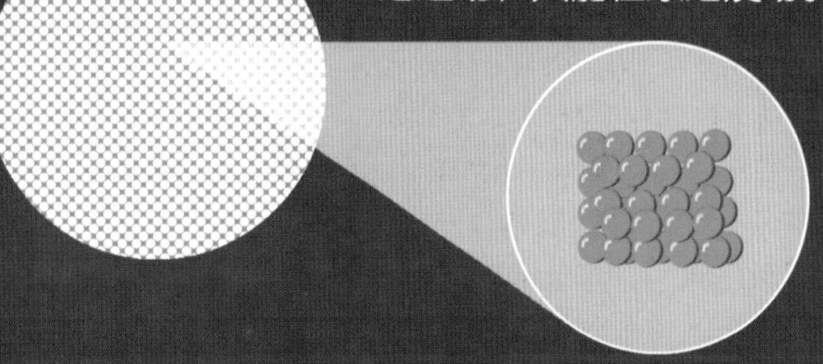

经过升温和溶解，固体也可以“大变身”。

给冰块升温，它就会慢慢地融化成水，变成液体。

细细的面粉和白白的糖，都是一个个小小的固体颗粒哦！

将固体盐放入水中搅拌，它会溶解，变成盐水。

液态的物质

我们洗手、喝水、洗澡，都离不开水。生活中常见的水，就是一种液态的物质。

液态的物体就是液体。液体具有流动性，不管是滚滚向前的大河，还是潺潺流动的小溪，都是水在流动。

不同的液体，流动性也不太一样。果汁流动快，一不小心就会倒得溢出来；蜂蜜流动慢，要用力晃才能倒出来。因为液体越浓稠，流动得就越慢。

液体的原子，排列比较松散。它们就像一群好朋友，可以滑来滑去，一起玩耍。

当温度降低时，物质会由液态变为固态。比如，天气寒冷时，水可能会变成冰。温度升高时，液体可以蒸发为气体。比如，水加热后，能变成水蒸气。

气态的物质

我们生活在充满空气的环境里。空气是气态的物质，它看不见，也摸不着。

气体不像固体，它没有固定的形状。换句话说，在合适的温度下，它可以变成任何形状哦！

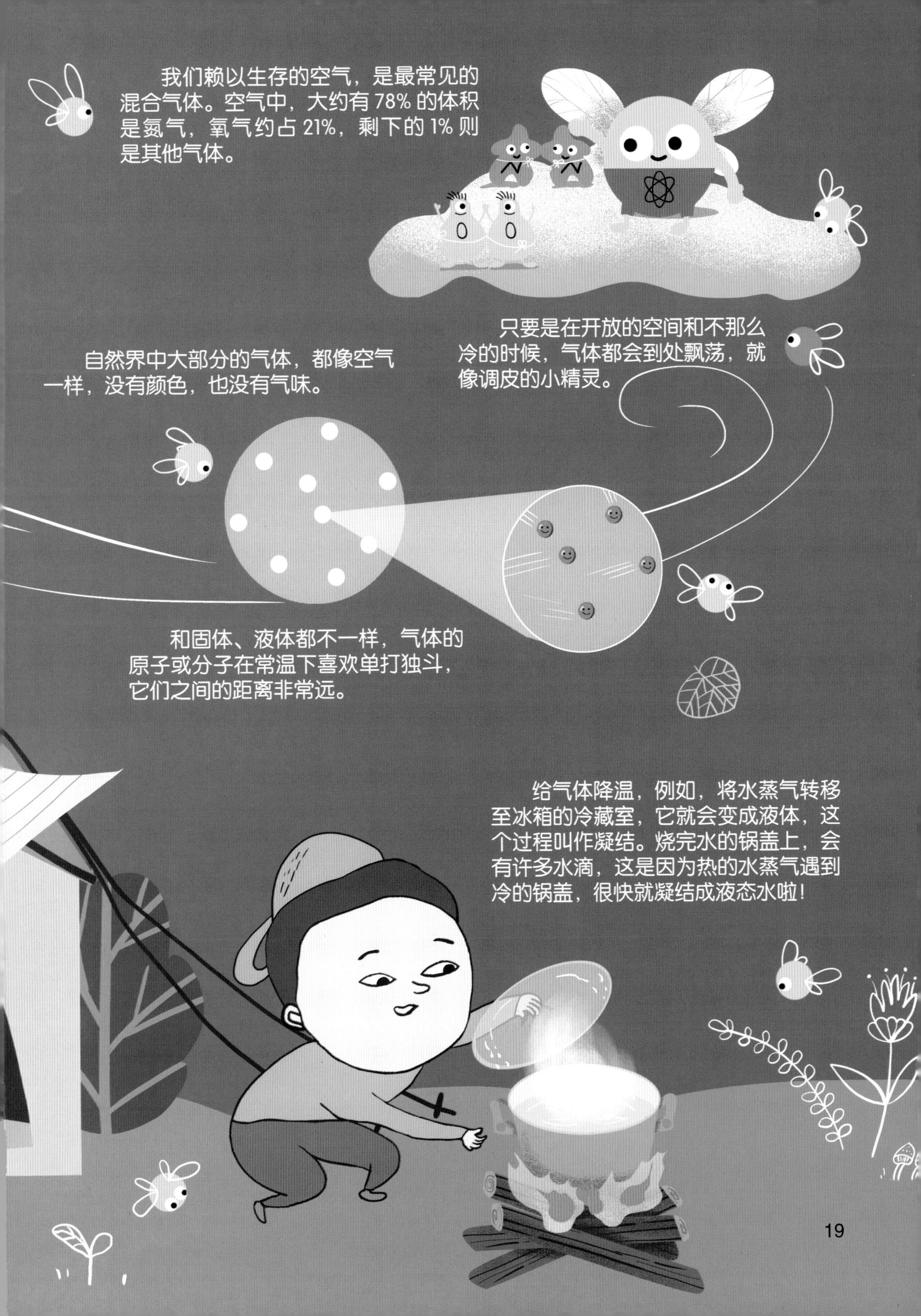

我们赖以生存的空气，是最常见的混合气体。空气中，大约有 78% 的体积是氮气，氧气约占 21%，剩下的 1% 则是其他气体。

自然界中大部分的气体，都像空气一样，没有颜色，也没有气味。

只要是在开放的空间和不那么冷的时候，气体都会到处飘荡，就像调皮的小精灵。

和固体、液体都不一样，气体的原子或分子在常温下喜欢单打独斗，它们之间的距离非常远。

给气体降温，例如，将水蒸气转移至冰箱的冷藏室，它就会变成液体，这个过程叫作凝结。烧完水的锅盖上，会有许多水滴，这是因为热的水蒸气遇到冷的锅盖，很快就凝结成液态水啦！

化学反应的“内幕”

蜡烛燃烧、苹果变色、铁器生锈……其实，这些变化都是化学反应造成的。

在我们的日常生活中，经常会碰到化学反应。原子或分子之间通过相互作用，产生新的物质，这就是神奇的化学反应。

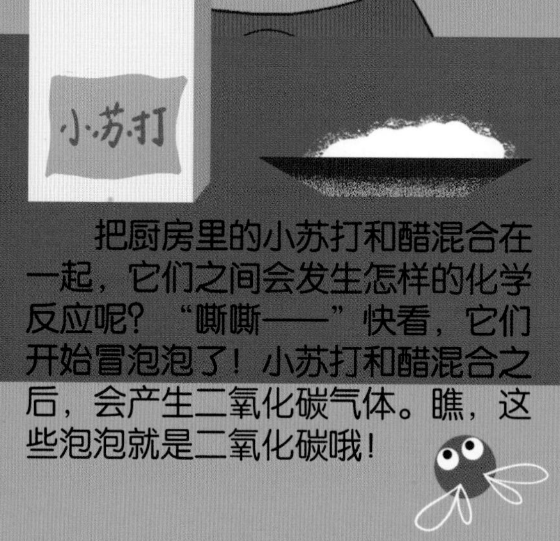

把厨房里的小苏打和醋混合在一起，它们之间会发生怎样的化学反应呢？“嘶嘶——”快看，它们开始冒泡泡了！小苏打和醋混合之后，会产生二氧化碳气体。瞧，这些泡泡就是二氧化碳哦！

将糖溶进水里，尝一尝，会发现水变得甜甜的。但在这个过程里并没有产生新物质，所以不能算作是化学反应。

你知道吗？我们的身体里，时时刻刻都在发生各种化学反应。跑步需要消耗能量。我们的身体会分解食物里的糖类等物质，释放出能量。

化学反应有时快，有时慢。比如，划燃火柴后马上就会发生化学反应，铁壶生锈则需要很长的时间。

原子的“祖先”

原子是化学反应中不可再分的基本微粒。那么，你知道小小原子的“祖先”来自哪里吗？

100 多亿年前，宇宙集中为一个炽热的点，名为奇点。奇点出现了一次大爆炸，膨胀得很大很大。于是，浩瀚的宇宙诞生了！这就是著名的“大爆炸宇宙论”。

小小的原子们，就是在这场宇宙大爆炸中出现的。

瞧，在恒星的内部，原子们发生着奇妙的变化。有的小原子会想办法，变成大原子。有的大原子，反而变成了小原子。

你知道吗？太阳能够产生光和热，离不开原子们的活动。

“超级威力”——核聚变

小小的原子，也能迸发出超级能量。原子能够进行核聚变，让我们来看看这种变化的威力吧！

什么是核聚变呢？人们把两个原子核合并到一起的核反应，叫作核聚变，或者叫作核融合。

看，两个小小的原子像是被施了魔法一样，相互吸引靠近。最后，它们激烈地碰撞到一起，变成了一个质量更大的原子核。这个过程，还会释放出巨大的能量。

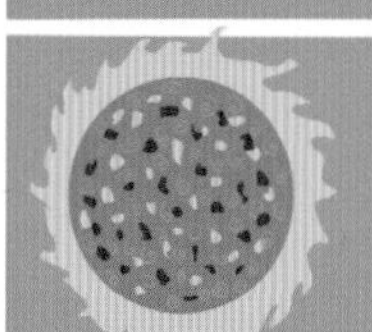

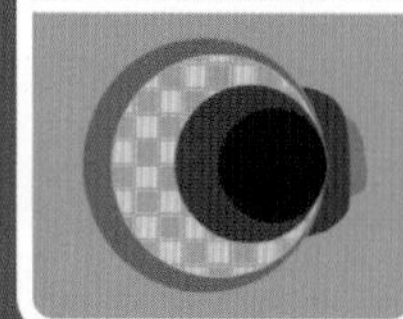

核聚变的发生，一定要依靠外界的力量。例如，超高温或者超高压的环境，才能满足核聚变的条件。核聚变，常常发生在质量很小的原子身上。

太阳的能量来源就是核聚变。每一秒，太阳内部都会有约 6 亿吨的氢聚变成氦。

科学家们现在正在努力地研究可控核聚变，从而让人类控制这份“超级威力”。如果有朝一日人类能够彻底驯服核聚变，它能够为我们提供几乎无穷无尽的能量来源。你期待吗？

强大的核裂变

你听说过核裂变吗？它也能够产生不可思议的巨大能量。让我们一起深入地了解一下吧！

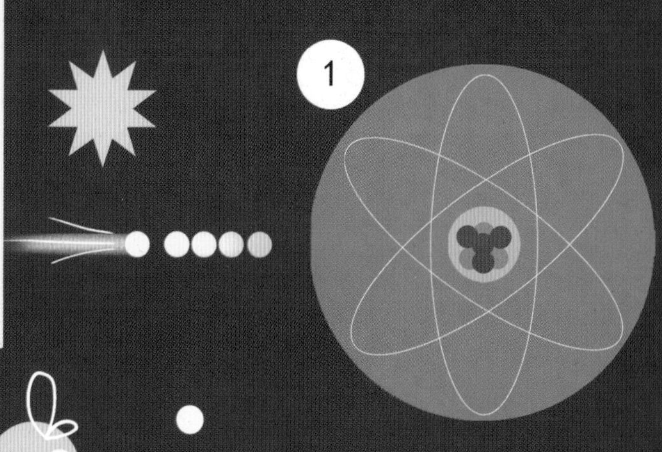

核裂变，又叫核分裂，是一种非常剧烈的核反应形式。

核能发电厂就是依靠核裂变带来的热量来产生电力，并输送给人类的。

看，四处飞行的小粒子击中大的原子核，使它分裂成几个小的原子核。

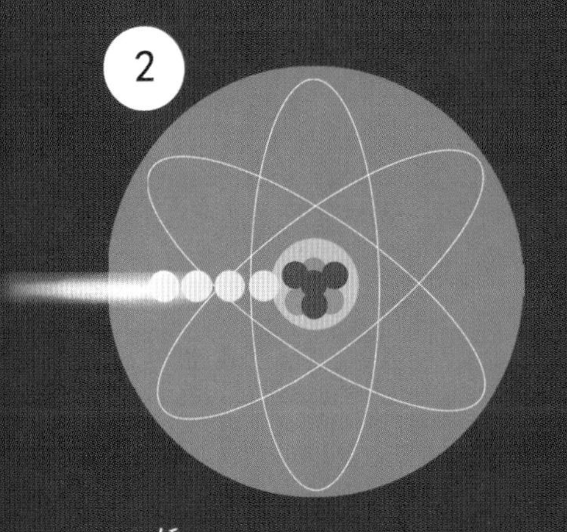

分裂的过程中，原子核能够向外释放光和热，也就是我们所说的能量。

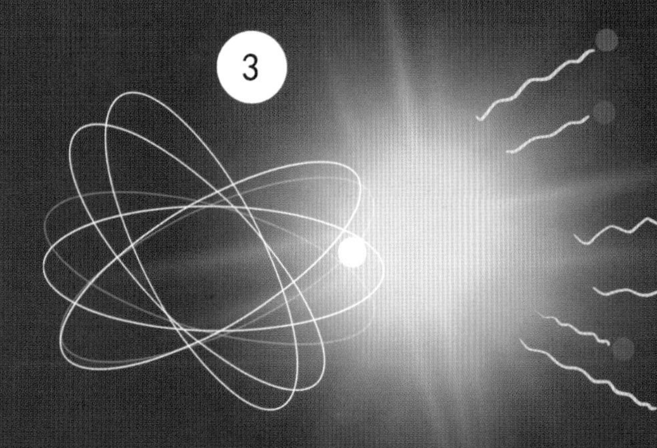

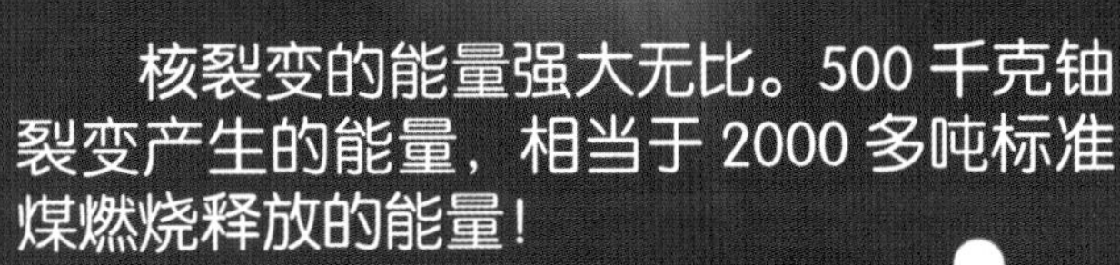

核裂变的能量强大无比。500 千克铀裂变产生的能量，相当于 2000 多吨标准煤燃烧释放的能量！

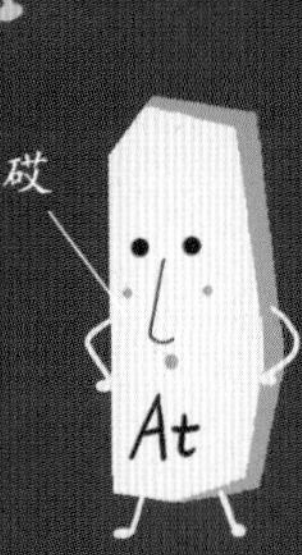

有些大原子的原子核不需要外来小粒子的帮助，自己就能发生裂变，这就是放射性衰变。比如，调皮好动的钫只需二十几分钟，就会衰变成镭或者砹呢！

危险的核武器原子弹之所以能够爆炸，也是因为其中发生了剧烈的核裂变！

责任编辑　陈　一
责任校对　王君美
责任印制　汪立峰

项目策划　北视国

图书在版编目（CIP）数据

揭秘原子和分子 / 刘宝恒编著. — 杭州 : 浙江摄影出版社，2023.1
（小神童·科普世界系列）
ISBN 978-7-5514-4179-7

Ⅰ. ①揭… Ⅱ. ①刘… Ⅲ. ①原子—儿童读物②分子—儿童读物 Ⅳ. ①056-49

中国版本图书馆CIP数据核字（2022）第191083号

JIEMI YUANZI HE FENZI
揭秘原子和分子
（小神童·科普世界系列）

刘宝恒　编著

全国百佳图书出版单位
浙江摄影出版社出版发行
地址：杭州市体育场路347号
邮编：310006
电话：0571-85151082
网址：www.photo.zjcb.com
制版：北京北视国文化传媒有限公司
印刷：唐山富达印务有限公司
开本：889mm×1194mm　1/16
印张：2
2023年1月第1版　　2023年1月第1次印刷
ISBN 978-7-5514-4179-7
定价：39.80元